崔玉涛
图解宝宝成长

游戏引导

崔玉涛 / 著

U0382372

中国商品信息防伪验证中心

人民东方出版传媒
东方出版社
正品 标识

电话查询：4006-276-315
网站查询：www.china3-15.com
短信查询：400800#防伪码至12114

刮涂层　输密码　查真伪

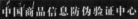

正版查验方式：

1.刮开涂层，获取验证码；

2.扫描标签上的二维码，点击"关注"；

3.查找菜单中的"我的订单 —— 正版查验"栏；

4.输入验证码即可查询。

人民东方出版传媒
东方出版社

崔大夫寄语

2012 年 7 月《崔玉涛图解家庭育儿》正式出版，一晃 7 年过去了，整套图书（10 册）的总销量接近 1000 万册，这是功绩吗？不是，是家长朋友们对养育知识的渴望，是大家的厚爱！在此，对支持我的各界朋友表示感谢！

我开展育儿科普已 20 年，2019 年 11 月会迎来崔玉涛开通微博 10 周年。回头看走过的育儿科普之路，我虽然感慨万千，但更多的还是感激和感谢：感激自己赶上了好时代，感激社会各界对我工作的肯定，感谢育儿道路上遇到的知己和伙伴，感谢图解系列的策划出版团队。记得 2011 年我们一起谈论如何出书宣传育儿科普知识时，我们共同锁定了图解育儿之路。经过大家共同奋斗，《崔玉涛图解家庭育儿 1——直面小儿发热》一问世便得到了家长们的青睐。很多朋友告诉我，看过这本书，直面孩子发热时，自己少了恐慌，减少了孩子的用药，同时也促进了孩子健康成长。

不断的反馈增加了我继续出版图解育儿图书的信心。出完 10 册后，我又不断根据读者的需求进行了版式、内容的修订，相继推出了不同类型的开本：大开本的适合日常翻阅；小开本的口袋书，则便于年轻父母随身携带阅读。

虽然将近 1000 万册的销量似乎是个辉煌的数字，但在与读者交流的过程中，我发现这个数字中其实暗含了读者们更多的需求。第一套《崔玉涛图解家庭育儿》的思路侧重新生儿成长的规律和常见疾病护理，无法解决年轻父母在宝宝的整个成长过程中所面临的生活起居、玩耍、进食、生长、发育的问题。为此，我又在出版团队的鼎力支持下，出版了第二套书——《崔玉涛图解宝宝成长》。这套书根据孩子成长中的重要环节，以贯穿儿童发展、发育过程的科学的思路，讲解养育的逻辑与道理，及对未来的影响；书中还原了家庭养育生活场景，案例取材于日常生活，实用性强。这两套书相比较来看，第一套侧重于关键问题讲解，第二套更侧重实操和对未来影响的提示。同时，第二套书在形式上也做了升级，图解的部分更注重辅助阅读和场景故事感，整套书虽然以严肃的科学理论为背景，但是阅读过程中会让读者感到轻松、愉快，无压力。

　　本册的主题是"游戏引导"，分别从"宝宝与游戏""游戏与能力""游戏与玩具""游戏时常见的问题""游戏安全""早教班"六个方面出发，不仅指出怎样正确看待玩这件事，还对宝宝玩什么、如何玩、玩耍时遇到的问题及怎样确保游戏安全给出了相应的建议。此外，本册还就家长们关心的关于"早教班"的问题，结合宝宝生长发育特点，给出了实操性强的理论指导。

　　愿我的努力，在出版团队的支持下，使养育孩子这个工程变得轻松、科学！感谢您选择了《崔玉涛图解宝宝成长》这套图书，它将陪伴宝宝健康成长！

育学园首席健康官
北京崔玉涛育学园诊所院长
2019 年 5 月于北京

游戏可以促进
各种能力的发展P11

游戏
不仅是
玩玩具
P7

**宝宝
与游戏**

游戏
是宝宝
学习的
一种方式
P4

多和宝宝游戏互动，
增进亲子关系P18

通过游戏，可以
发现哪些问题P15

多大
上早教班
合适P134

宝宝
不愿意
进教室
怎么办
P136

早教班

早教，从家庭教育开始P144

早教都学些什么P147

早教班
非上
不可吗P140

排查游戏区的
安全隐患P114

不同年龄段宝宝的
游戏安全问题P125

切忌让宝宝
边吃边玩
P117

**游戏
安全**

家有俩宝，
准备玩具时
的注意事项
P119

带娃外出游玩时，
应如何
注意安全P122

确保游戏安全，并不是
不让宝宝尝试P128

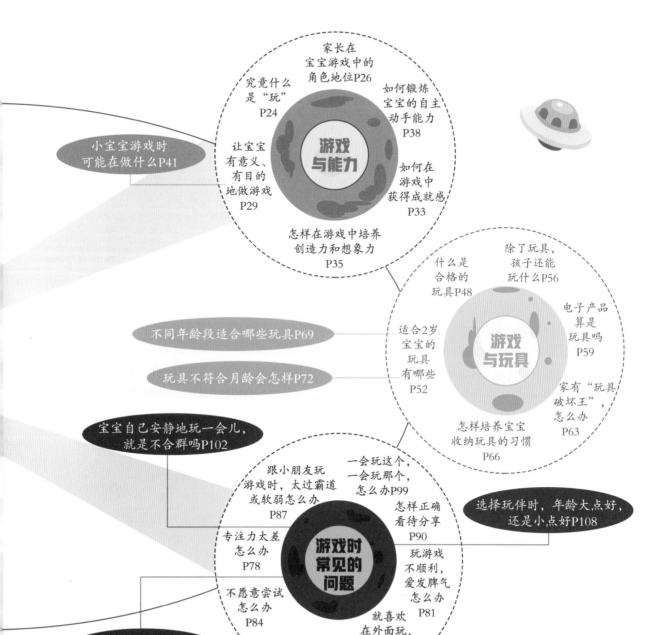

CONTENTS

目　录

Part ❶ 宝宝与游戏

Part ❷ 游戏与能力

Part ③ 游戏与玩具

Part ④ 游戏时常见的问题

Part 5 游戏安全

Part 6 早教班

游戏与玩具

游戏时常见的问题

游戏与能力

游戏安全

宝宝与游戏

早教班

Part 1 宝宝与游戏

宝宝与游戏

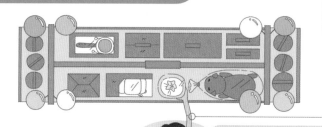

宝宝小时候玩具很多，几乎市面上流行的玩具我都会买来给他尝试。

但我发现这些玩具并不能让宝宝保持太长时间的热情，反而一些我感觉没什么意思的东西，他玩得乐此不疲。比如，空的塑料瓶子、小树叶等。

后来我逐渐认识到，对于宝宝来说，做任何事情都可以是玩，并在不起眼的游戏玩乐中学会了很多。

比如通过和奶奶一起擦地、给盆栽浇水等，宝宝不仅学会了做家务，还学会了体贴我，甚至连动作都变得灵活敏捷了。

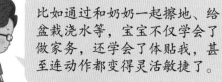

对于游戏，我有了更理性的看法，那并不只是单纯的嬉戏，而是宝宝成长的方式，也是获得知识和技能最好的途径。

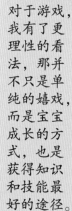

不少家长为了不让宝宝输在起跑线上，总想早早地多教宝宝，让他从小就能学得更好。

刻板地教，并不符合这个年龄阶段宝宝的学习特点。

此时的宝宝是通过游戏来增长技能和提高认知的，可以说，玩游戏是这个阶段宝宝的主要任务。

在宝宝玩的过程中，家长的参与度也很重要。此时的家长不仅可以起到更好的示范作用，还能够直观地体现对宝宝的爱，增进亲子关系。

游戏不但能够训练和提升宝宝各项基础能力，比如大运动、精细运动、语言、社交等能力，还可以培养宝宝专注力、思维能力、好奇心等。

游戏是宝宝学习的一种方式

★ 玩是宝宝学习的最好方式，家长应顺应宝宝的需求。

★ 宝宝的认知是在日常的生活积累中实现的。对于宝宝来说，日常生活的主要内容就是玩，这决定了他们获取知识的来源也是玩。过多的限制或刻板的教导，会降低宝宝的好奇心和积极性，并不利于宝宝对知识的积累。家长要做的是引导宝宝用更好的玩法，去了解更多的未知。

★ 宝宝经常会把家长买回来的玩具或其他用品拆得七零八落，这时家长不要武断地认为宝宝淘气、搞破坏。多数时候，这只是宝宝探索欲的外在表现，比如"为什么这个汽车会闪光""为什么按一下按钮就会有东西掉出来"。家长在保证宝宝安全的前提下，尽量不要过多干涉。

★ 不要试图让宝宝像在课堂上一样学习知识，而应该让学习知识变成一种游戏。如果宝宝不愿意，与其拿着书本强迫宝宝认植物，不如带着宝宝外出踏青，辨认沿途的植物。

★ 宝宝玩的时候，不要觉得他是无意识的。其实，周围大人或其他孩子的行为、语言都会给宝宝留下深刻印象，变成宝宝模仿、学习的对象，因此即使是玩也应该尽量给宝宝营造一个高质量的环境。

游戏不仅是玩玩具

平时扔给宝宝一堆玩具，有空了多陪宝宝玩游戏是不是就可以了？

宝宝生活中的方方面面都和玩有着密切的联系，并不仅限于玩具和游戏。带宝宝认识新鲜事物，掌握新的技能，甚至和家长安静地待一会儿等看起来不是玩，其实在宝宝眼里也一样会被归类于"玩"，都是有积极意义的。

★ 看绘本、画画、听故事，安安静静地欣赏鱼儿游过、鸟儿飞过，对宝宝来说，都是在玩。

★ 喂养小动物或种一些植物，可以让宝宝了解生命的生长过程，也会让他们体会到收获和成长的乐趣，这样的玩有深远的意义。

★ 宝宝的玩贯穿于他的整个日常活动。正是在这样的"玩"中，宝宝逐渐认识了世界。

除了玩玩具、做游戏，生活中很多事情实际上在宝宝看来都是玩。

★ 宝宝非要学着家长的样子打扫卫生，家长觉得宝宝是任性瞎胡闹，宝宝却认为是非常有趣的游戏。其实，这对培养宝宝的自理能力、提升运动的灵活性都有很大的好处。

★ 宝宝总爱把好好的物品拆得七零八落，把同一个东西一次又一次地扔在地上，家长会觉得这是宝宝不懂事，不爱惜东西。其实这是宝宝在探索让他觉得新奇的东西，其中的乐趣有时远远大于循规蹈矩地玩玩具，这才是他真正想要的玩法。

★ 带宝宝去买菜，其实对宝宝的认知发展是一种很好的锻炼。虽然这看起来似乎是件辛苦事，但对宝宝来说可是一场精彩的游戏。

宝宝只知道玩，这对他的成长有用吗？

当然有用了！玩的过程看起来并不刻意，却经常包含了很多必要的训练，比如跑、跳可以锻炼运动协调能力，涂鸦、绘画可以锻炼手眼配合以及视觉能力，和小朋友的互动嬉戏可以培养社交能力，等等。这些比刻板地教导和讲道理要有效得多，因此我们要正视玩耍的积极意义。

1 让宝宝做一些符合当下年龄及发育阶段的运动，比如跑跳、平衡动作的运动类游戏，能够增强宝宝大运动能力的熟练程度和协调性。

2 涂鸦、绘画、做小手工，可以增强宝宝视觉发育，提升色彩认知及手眼配合精细运动的能力。

3 家长要多和宝宝一起读绘本、讲故事、唱儿歌，并引导宝宝放开想象、自由发挥，这有助于提升宝宝的语言表达能力。

拼图、拼装类游戏，还可以培养宝宝观察力、专注力，锻炼宝宝手部的精细运动能力。

和小伙伴协作游戏，可以培养宝宝的社交能力。

角色扮演类游戏，可以培养宝宝的共情能力和生活自理能力。

通过游戏，可以发现哪些问题

通过玩，就可以发现宝宝的发育问题吗？

是的。玩可以让宝宝练习各种技能，而在玩的过程中，宝宝的反应和举动，都可以透露出一些有效信息，比如动作的熟练程度、学会动作或技能的时间长短。通过这些，可以初步判断宝宝的发育状况。

在宝宝日常玩耍的过程中,可以通过一些比较简单、容易辨识的具体行为来初步观察宝宝并加以评价,看宝宝是否存在某些方面发育滞后的情况,比如:

① 在大运动方面:2岁左右的宝宝经过演示练习,仍学不会踢球、上台阶或后退走等。

② 在精细运动方面:2岁左右的宝宝还不能搭四层的积木塔,不能自发地涂鸦乱画等。

③ 语言方面:2岁左右的宝宝完全不能组合两个不同的字,甚至除了爸爸妈妈,不会说任何词,不能正确指认身体部位。

④ 在社会交往方面:2岁左右的宝宝不会模仿家长做家务或其他动作;在引导下,仍做不到和别人一起玩球等。

如果家长觉得宝宝在某方面的发育有明显滞后,那么建议及时带宝宝到正规的医疗机构进行测评,不要延误诊治。

多和宝宝游戏互动，增进亲子关系

家长如果不和宝宝互动游戏，对宝宝有影响吗？

有影响。宝宝在玩耍时也需要陪伴。家长和宝宝一起玩耍，不仅可以给予宝宝很好的示范，帮助宝宝模仿，还可以通过直接的肢体接触和语言交流，与宝宝达到情感上的共鸣，让宝宝能更好地体会到家长的爱，对宝宝心理的健康发育有着极其重要的意义。

宝宝玩玩具的时候，家长应该多增加眼神、语言上的交流，并和宝宝一起玩玩具，不要把玩具直接扔给宝宝让宝宝自己玩。

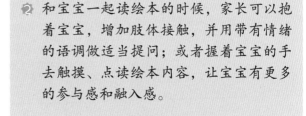

和宝宝一起读绘本的时候，家长可以抱着宝宝，增加肢体接触，并用带有情绪的语调做适当提问；或者握着宝宝的手去触摸、点读绘本内容，让宝宝有更多的参与感和融入感。

和宝宝做游戏时，可以给宝宝一些适当的帮助，并加以示范，避免打击宝宝的信心。当宝宝做得好时，要立刻给予表扬赞美；做得不好时，要给予温和的鼓励。在游戏过程中让宝宝既体会到乐趣，也体会到大人的关爱。

经常和宝宝一起去户外活动，在自然环境下和宝宝一起探索新奇的事物。这对增进亲子感情有着非常重要的作用。

小月龄的宝宝也同样需要陪伴，在宝宝咿呀发声的时候家长要给予及时的回应。在家经常给宝宝做抚触，是一种增进亲子感情的有效方法。

Part2 游戏与能力

游戏与能力

玩是孩子的天性，也是必需。我的原则是，只要安全、不给别人带来困扰，宝宝喜欢怎么玩就怎么玩。

我只会在玩具或游戏的选择上，适当给点意见。这是为了避免游戏太难，宝宝玩不了，打击她的积极性。

我会在陪伴宝宝时努力融入其中，尽可能全心投入，让宝宝体会到我对她的关心和重视。

很多时候宝宝的玩法很让人诧异，总是不按套路出牌，但我觉得这是一种想象力的发挥，没有必要纠正。

到现在为止，宝宝通过自己的尝试，在玩耍中学会了不少东西。游戏既锻炼了她的动手能力，也让她建立起了自信心。

玩耍是宝宝获取技能和知识、获得愉悦的主要途径。家长应该采取鼓励和开放的态度，对待宝宝的日常玩耍。

宝宝玩耍时，家长不要总是试图限制或代劳。这既不利于发展宝宝的自主动手能力，也不利于发挥宝宝的创造力和想象力。

宝宝玩耍的方式是多种多样的：听故事是玩，做游戏是玩，蹬腿伸手也一样是玩。不同的玩法对宝宝有不同的益处，并没有绝对的最好。

家长要做好合理的引导，比如可以给宝宝提供适当的帮助，但应该保留一些操作，让宝宝独立完成。

注意观察宝宝的兴趣点，尽量提供宝宝感兴趣的玩法。玩得充分而自由，对宝宝的成长有着重要意义。

对于宝宝来说，我们不应该把玩独立出来理解。玩作为生活的一部分，体现在日常生活的方方面面，并不单纯指某一项活动。其实，宝宝对所有未知事物的探索以及从陌生到熟悉的过程，对于他来说都是玩，是成长必须经历的环节。

★ 玩耍不存在绝对的有意义或没意义。不管是运动、玩实物、角色扮演还是听读故事，甚至只是安静地待着、玩手指，也都有对宝宝生长发育积极的一面。参与家务，和家长一起外出或购物，不同形式的玩耍能为宝宝提供不同的收获。

★ 家长不必觉得，只有在特定的地方，用特定的方式和宝宝互动，才是玩。给宝宝玩的自由和玩的时间，才是最重要的。

家长在宝宝游戏中的角色地位

★ 陪宝宝玩耍时，家长应该是示范者，而不是代劳者。在玩耍的过程中，如果有必要，家长可以操作给宝宝看，让宝宝观察并模仿家长的动作。

★ 家长应该顺势引导宝宝，而不是强迫命令。不管是玩游戏还是玩玩具，都应该在尊重宝宝意愿的基础上，通过鼓励、表扬、吸引注意力等方式，来顺势引导宝宝，不要一味讲究按标准操作，强行改变宝宝的想法。

★ 当宝宝玩耍过程中遇到困难时，家长应该做一个提供适度帮助的帮手，而不是代为解决问题的包办者。在提供帮助的时候，要引导宝宝探索和思考，让宝宝学会解决困难，从而养成独立自主的习惯。

★ 家长应该是一个用心的陪伴者，和宝宝玩耍时应该全心投入，而不是应付了事、三心二意。家长的专注程度会直接影响到宝宝的情绪，高效的陪伴更有利于宝宝的成长。

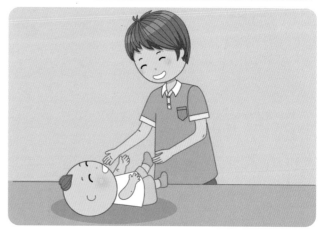

★ 家长还应该是玩耍活动的把关者。要选择适合宝宝的项目，不管是安全性，还是娱乐效果，都能事先有个预估，比如玩具的安全程度、绘本内容把关等。

让宝宝有意义、有目的地做游戏

● 玩耍最重要的目的当然是让宝宝获得快乐，这是
毋庸置疑的。能在获得快乐的同时，促进宝宝的
成长与发展，则是家长们乐于见到的。

★ 家长在给宝宝选择游戏、玩具或其他活动的时候，应该尽量挑选宝宝喜欢且能够掌控的。只有宝宝感兴趣并符合宝宝能力的游戏，才能让宝宝保持热情，起到应该达到的效果。

★ 尽量给宝宝设立一个专门的游戏区域，这样宝宝在玩耍的时候就不会因为受到过多的干扰而分散注意力。

★ 不要一次性给宝宝太多玩具或多种游戏选项，这会让宝宝不知道该选哪个，不利于专注力的培养。

★ 玩具并没有所谓的"正确玩法"，只要是在安全的范围内，宝宝如果想用自己独特的方式去玩耍和感受，家长也应该给予积极的鼓励。让宝宝保持好奇心和探索欲是玩耍的目的之一。

① 和宝宝玩游戏时要重视设立和遵守"规则"。在不断的游戏中，这些规则可以帮助他理解和建立社会秩序感。注意设立的规则要符合宝宝的理解能力，不要过于复杂，并且要符合普遍的社会认知。

② 可以适度合理地运用电子产品来提高宝宝的认知，但不要喧宾夺主。过度使用电子产品不利于宝宝情感和社交能力的发展。

③ 不要只看重智力开发类的游戏，运动式的玩耍对于宝宝来说一样有意义。大运动、精细运动、协调性等方面的锻炼，对宝宝的身体发育同样不可或缺。

 **如何在游戏中获得成就感**

✿ 给宝宝挑选玩具或游戏的时候，要符合宝宝的年龄段。一旦超出宝宝目前的能力范围，就很容易给宝宝带来挫败感，打击宝宝的热情和信心。

✿ 当宝宝在玩耍中遇到困难时，家长不要完全替宝宝解决，应保留一部分他通过努力可以完成的步骤，让宝宝体会到成功的喜悦，激发兴趣。

✿ 适度地让宝宝体验失败，宝宝在失败的过程中逐渐摸索出解决方法后，会获得更大的成就感。

✿ 给宝宝足够的鼓励，在宝宝顺利完成游戏时，应该立刻给予肯定和表扬，多多赞美宝宝的努力，让他获得心理上的满足。

✿ 家长要学会正确的夸奖，不要用"你真棒""你真聪明"之类宽泛的语句，而是要表扬宝宝具体做到的事情，"你这次积木搭得真高，很漂亮"，这样宝宝更能抓住自己被表扬的重点，获得更明确的成就感。

怎样在游戏中培养创造力和想象力

35

♣ 家长不要总是试图让宝宝按说明书或现有的方法来玩玩具，也不要设定太多的
条条框框，而应尽量让宝宝按照自己的方式自由发挥。

♣ 可以通过一些小游戏，锻炼宝宝的创造力和想象力。比如让宝宝自己编故事并
讲给大人听，或者根据自己的想法来画画，等等。

♣ 家长可以发挥榜样的作用，向宝宝展示创作的作品，并鼓励宝宝模仿，培养宝宝的创造力和想象力。

♣ 家长要表现出对宝宝创造力和想象力的重视，例如，把宝宝的创作放在显眼的位置展示，激起宝宝的创作热情。

如何锻炼宝宝的自主动手能力

♣ 宝宝玩耍时，家长可
以先给宝宝准备道具、
演示操作方法或游戏
规则。但要确保让宝
宝有机会单独主导一
部分游戏过程，家长
不要全权代劳，而是
要激发宝宝主动探索
的欲望。

♣ 宝宝在自己动手的过程中遇到
困难时，家长如果觉得的确需
提供一些帮助，也要先询问宝
宝是否需要帮助，经他允许后
再帮忙，并尽量只给部分协
助，或稍加提示下一步，让宝
宝继续尝试，独立完成。如果
宝宝面对困难容易退缩，家长
要及时鼓励。

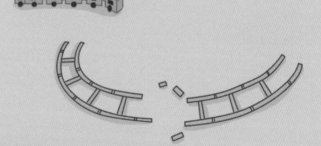

当宝宝在玩耍中对某样物品表示出兴趣，想要尝试时，除非主动提出求援，否则家长尽量不要干扰。宝宝在反复尝试过程中，会渐渐发现内在联系。这个过程有利于激发宝宝的主动性。

小宝宝游戏时，可能在做什么

● 月龄小的宝宝玩耍方式很可能和家长想
象的不一样，家长不要因为觉得奇怪就
生硬地打断。宝宝通过玩耍的方式锻炼
各种技能，这是一种学习过程，家长应
该以鼓励和引导的态度对待。

🐶 抓住任何东西都往嘴里塞的玩耍方式，是月龄小的宝宝了解新鲜事物的主要途径。吃手、吃脚可以让宝宝更加熟悉自己的身体，加深认知。

🐶 小胳膊小腿各种乱挥乱踢，这样的玩耍方式对于还不能随意活动的小宝宝来说，是锻炼身体协调性的好方法。它可以帮助宝宝学会控制身体，有利于大运动的发育。

🐶 宝宝撕纸可以锻炼手部精细动作。

🐶 把东西从高处扔下去，这可不是宝宝淘气。它有助于宝宝了解空间概念和事物之间的关联性，比如让宝宝了解到"物体从高处落下就会发出声音"。

宝宝爱玩食物，虽然看起来既脏乱又浪费，但宝宝可能是通过触感和味觉的综合感受，去了解食物。

宝宝一个人的时候嘴里念念有词，这其实是语言功能发育的重要环节。有了家长的示范，宝宝必须通过这种不断的重复练习，才能逐渐掌握发音技巧。

玩具、游戏、绘本等当然也是日常玩耍不可缺失的一部分。此外，与其他小朋友一起玩，也对宝宝的发育有着不同的刺激作用。

Part3 游戏与玩具

游戏与玩具

我给宝宝买玩具时，绝不是见什么买什么，而是选择更符合宝宝的喜好和年龄的玩具。

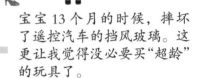

宝宝 13 个月的时候，摔坏了遥控汽车的挡风玻璃。这更让我觉得没必要买"超龄"的玩具了。

平时我也会教宝宝，自己的玩具自己收拾，让宝宝养成收纳自己物品的好习惯。

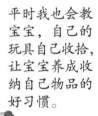

其实玩耍的方式有很多，并不一定非得玩玩具。比如看看绘本、户外跑步、去超市购物等。

在玩的方面，我基本都顺从宝宝的意愿。但对于电子产品，我坚持严格控制时长，尽量减少其对宝宝的负面影响。

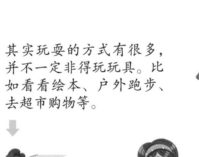

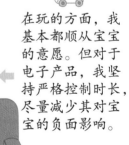

宝宝通过玩玩具，可以获得一些技能上的锻炼和提升。

给处于不同年龄阶段的宝宝挑选玩具的要求还是有所差别的，需要家长们注意区别和选择。

挑选玩具时，既要注重安全性，也要注重实用性，同时应该理性看待玩具在宝宝生长发育中所起的作用。

尽量给宝宝提供更多的玩耍方式，并不是只有有玩具时，他才可以玩耍。

让宝宝从多个方面接触正向刺激，获取更多的益处。

什么是合格的玩具

挑选玩具时，要选择正规厂家生产的合格产品，并且要充分考虑宝宝的月龄，符合宝宝的实际需要。

① 玩具要符合宝宝的月龄，超出或低于宝宝月龄的玩具很可能会造成危险或引不起宝宝的兴趣，从而失去了玩具的意义。

② 合格的玩具会有安全检验合格证，且有"3C"标志。

③ 会发声的玩具，声音应该柔和，同时，使用时应避免声音过大，以免长期使用对宝宝的听力造成损害。

玩具不能带有易脱落的小零件和过多的装饰物，脱落后容易造成宝宝误吞的风险。

玩具上不要有过长的丝带或拉绳，因为这些东西很容易引发窒息或缠绕四肢的危险。

挑选玩具时，还要查看玩具表面是否有破损，以及有无比较锋利、容易造成皮肤损伤的尖角或者边缘，还应留意玩具是否有刺激性气味。

如果玩具安装有电池，还要检查电池以及电池的盖子是否安装妥当。

要查看玩具零件组装得是否足够结实，避免玩的时候零件脱落。

如果打算买毛绒类玩具，则要看宝宝是否对材质过敏，以及是否适合这类玩具。

适合 2 岁宝宝的玩具有哪些

1

我家宝宝是运动型的，特别喜欢各种车。

2

我家宝宝就爱画画，家里到处都是她的画！

3

积木是我家宝宝的最爱。

4

小孩子就应该多和大自然接触。

给 2 岁宝宝挑选玩具时，要选择适合其认知能力和运动能力等功能发展的玩具，这样的玩具在让宝宝开心的同时，还能促进生长发育。

① 玩偶类。玩具娃娃可以帮助培养宝宝学习穿脱衣服和处理生活需求的小技能，也可以培养宝宝的共情心理。

② 积木类。大小、颜色、形状各异的积木，可以帮助宝宝增加空间感，发挥想象力，还能促进认知能力的发展。但要选择大颗粒的积木，以防止宝宝误吞。

③ 艺术创作类，比如颜料、黏土、画笔等。这些玩具能够锻炼宝宝手眼协调能力，激发宝宝的想象力和创造力。

4 仿真玩具类，比如玩具车、工具箱、厨房道具等，可以增强宝宝的认知能力，扩大知识范围，锻炼精细动作。

5 音乐类玩具，比如电子琴、沙锤、手敲琴、八音盒等。它们可以培养宝宝的乐感、节奏感，也可以训练宝宝的听力。

6 沙滩玩具，比如小桶、小铲以及迷你玩具等。它们可以让宝宝发挥想象，促进大运动能力的发展。

7 骑乘类儿童车，比如滑行车、扭扭车、平衡车等。这类玩具能促进宝宝大运动发育，并有助于训练宝宝的协调性。

8 攀爬类，比如攀登架、滑梯、秋千、平衡木等。这类玩具能增强宝宝的大运动熟练度和协调性。

除了玩具，孩子还能玩什么

1 小汽车嘀嘀响……

2 宝宝快来，爸爸又买了新玩具。

3 这玩具也太多了吧！

4 你家宝宝喜欢玩玩具啊？

是啊，你看那边全是玩具。

5 这玩具也太多了吧！孩子不玩别的吗？

6 不玩玩具，孩子还能玩什么？

🔹 玩玩具仅仅是宝宝玩耍的一个方面，事实上，适合宝宝的玩耍方式还有很多，不论是看绘本、做游戏还是户外踏青，都可以从不同的角度带给宝宝新鲜感受，提升宝宝的认知和生活技能。家长应该让宝宝接触更多的玩耍方式。

🐌 绘本、故事书类亲子阅读。对于宝宝来说，这既是了解未知事物和社会规则的途径，也是培养宝宝良好阅读习惯、提高学习能力的方法。家长经常和宝宝一起读绘本，既能丰富宝宝认知，又能促进亲子关系的发展。

🐌 互动协作类游戏。宝宝可以在这类游戏中培养规则意识、体验社交技巧，还可以促进宝宝的逻辑思维能力以及大运动能力的发展。这对其将来融入社会有很好的帮助。是一项非常有益的玩耍方式。

🐌 户外体验。经常带宝宝到户外活动，观察自然环境，了解植物、动物的生长特点，可以增长宝宝见闻，帮助他认识和感受真实的世界。此外，在大自然中自由探索、跑跳，对宝宝的身心健康发育也有着积极的意义。

🐌 其他一切宝宝感兴趣、能给他带来愉悦感的事情，其实都可以算作是玩的范畴。

电子产品算是玩具吗

哈哈!

宝宝着迷了?
张嘴吃饭!

吃完饭了,
还看电视?

这孩子都
看了一天
电视了!

啊!

该睡觉了,
不能再看了!

电子产品算是
玩具吗? 宝宝
爱看怎么办?

● 完全禁止电子产品的做法并不可取,但也不
意味着电子产品就能当成宝宝的常用玩具,
家长要做好引导。

59

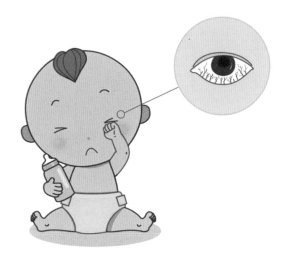

宝宝长时间接触电子产品，视力会产生一定的损伤；但在当下的生活环境中，完全禁止宝宝接触电子产品，会影响宝宝与同龄人的交流。家长应该做的是，让宝宝尽可能用相对健康的方式去使用电子产品。

🐌 要注意屏幕的大小。屏幕越小，对视力挑战越大，越容易造成视觉疲劳，因此应该尽量使用屏幕大的电子产品。

🐌 要挑选高分辨率的产品。宝宝的眼睛发育尚不成熟，对画面的质量和分辨率的要求比成人更高，太低的分辨率会对眼睛产生负面影响。

使用电子产品的时长应该有所限制，2岁以下的宝宝不看或少看，比如每天控制在15~30分钟；大一些的宝宝最多也不能超过1个小时，其间注意眼睛休息。

注意选择适合宝宝的内容，不要给宝宝看过于激烈或缺乏逻辑的内容。

应正确看待电子产品所承担的角色，不要把它当成家长陪伴的替代品，而是偶尔使用的调剂品。过分依赖电子产品不利于宝宝正确认知的形成和心理发育。

★ 宝宝破坏玩具的原因有很多，家长应该学会辨别，根据不同的情况采取不同的处理方法，不能只是刻板地说教打骂。

⭐ 不要因为宝宝有破坏玩具的行为就过多地责备他。大多数时候，宝宝的破坏是一种探索行为，宝宝是想弄明白感兴趣的问题。此时家长应适当顺应宝宝的需求。

⭐ 等到宝宝精细运动发育得更好时，他们的操作能力也变得更强，破坏玩具的行为也变多了。其实，破坏玩具的行为是宝宝发挥自己手部操作能力的表现，家长可以适当给宝宝提供这样的机会，比如购买可拆拆的玩具。

⭐ 不要给宝宝提供太多的玩具，玩具太多会让宝宝失去新鲜感，也就不会珍惜了。可以每次提供少数几种，这样既可以让宝宝玩得更专注，也有利于养成爱惜玩具的好习惯。

☆ 家长多给宝宝示范玩具的玩法，陪宝宝一起玩。宝宝破坏玩具有时是希望能够引起家长的关注，所以家长平时也要多反省，想一想自己是不是真的做到了有效陪伴。

☆ 宝宝心情不好或发脾气的时候，也会有破坏玩具的行为。如果确认宝宝是拿玩具来发泄，家长应该及时制止，但不要责骂，要引导宝宝学会正确的排解方法。比如，家长可以教宝宝把不高兴的事情告诉大人，而不是用破坏玩具来发泄。

☆ 家长一定不能激烈地打骂宝宝，否则会加深宝宝对破坏玩具这种行为的印象，反而让他更喜欢重复这种行为。可以用"淡化缺点，强化优点"方法，表扬他做得好的地方，而忽略他做得不好的地方。同时，家长也要发挥表率作用，这样才可以让宝宝真正做到不再破坏玩具。

怎样培养宝宝收纳玩具的习惯

1 宝宝把玩具弄乱后，家长不要总是自己把玩具都收拾好，而应该和宝宝一起收拾。家长一边和宝宝一起收拾，一边鼓励和表扬宝宝的行为。

2 准备一个专门放置玩具的地方，并设置不同颜色的盒子，让宝宝知道玩具应该分类放好。规则的设置可以激发宝宝收纳玩具的兴趣。

3 引导宝宝不要把所有的玩具都倒出来。每次只拿两三种，玩够了可以把这些放回去后再拿其他玩具。让宝宝习惯有秩序的玩耍环境。

4 如果宝宝不愿配合，也不必强迫他，可以选择另外的时间，或者换种方式来引导。比如给宝宝一个他特别喜欢的背包或抽屉，让他放置自己喜欢的东西，循序渐进地让宝宝接受收纳这件事。

5 家长平时也要勤于收拾，做到干净整洁，这对宝宝来说是一种潜移默化的影响。让宝宝习惯有秩序的环境，这样一来，宝宝对于自己的玩具，也会更乐于收拾。

不同年龄段适合哪些玩具

★ 宝宝的每个年龄段都有其对应的发育特点，顺应特点给宝宝准备玩具，能够更加有效地推动宝宝各项技能的发展，从而促进宝宝的生长发育。

★ 0~3月龄，可以给宝宝提供一些培养其视听能力的玩具，以促进宝宝注意力以及运动能力的发展。这类玩具最好是色彩鲜艳的或有声音的，比如彩色球、手摇铃等，但注意声音不要刺耳。

★ 4~6月龄，可以提供给宝宝一些有声响的或便于抓握的玩具。宝宝此时运动能力明显增强，能抓握在手里摇晃、发出声音的玩具会得到他的青睐，比如健身架、腕铃、音乐不倒翁等。

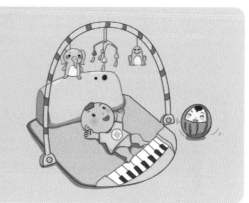

★ 7~12月龄，可以给宝宝提供一些适合敲打或者能够自己移动的玩具，比如感官球、鼓等，以促进宝宝大运动以及精细运动能力的发展。

★ 12月龄左右，可以根据宝宝这一阶段运动的特点，选择提高宝宝走路兴趣，引导宝宝多运动的玩具，比如小推车等；此外，还可以选择积木、小套圈等，帮助宝宝锻炼精细动作以及手眼协调能力。

★ 1~2岁时，可以提供一些能够提升宝宝活动能力的玩具，比如沙滩玩具、球类等。此外，迷你厨房玩具、蔬果切切乐玩具等也可以满足宝宝对生活场景的模仿需求。

★ 2~3岁时，随着认知能力的提升，可以给宝宝准备一些能够提升更进一层认知的玩具，比如拼插积木、拼图、可穿脱衣服的娃娃等。另外，还可以选择平稳性好的车、跳跳球等，帮助宝宝锻炼协调能力。

玩具不符合月龄会怎样

1 玩具超出宝宝年龄段太多，宝宝很可能会因为不知道该怎么玩而对玩具失去兴趣。

2 玩具的形状和大小也和宝宝年龄段有关。比如拼插类玩具，通常年龄段越大，玩具颗粒越小。如果宝宝的精细运动还没有到达操控的水平，宝宝的自信心会受到打击，也容易发生误吞、呛噎的危险。

3 适合小月龄宝宝的玩具，在材质上要求更高，以便适应宝宝入口啃咬的需求，而适合大宝宝的玩具，在材质上就不那么适合小宝宝了，也容易造成意外损伤。

4 对于大宝宝来说，小宝宝的玩具过于简单，不能带来新鲜感和成就感，很容易感到无趣。

5 低龄玩具因其过于简单的功能，往往无法提供给大宝宝更多的锻炼机会，起到的作用可能会与家长的预期目标不符。

6 当然大月龄宝宝主动要求玩一玩低龄玩具，有时也是好奇心的驱使，家长不必过于在意，顺其自然就可以了。

Part4 游戏时常见的问题

游戏时常见的问题

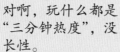

这孩子怎么玩一会儿这个，玩一会儿那个？

对啊，玩什么都是"三分钟热度"，没长性。

原来宝宝对喜欢的玩具、绘本，能这么专注。

不和别人玩，总喜欢自己一个人玩，这孩子是不是孤僻？

认识到宝宝当前的问题后，给出正确的引导是很有必要的。做家长就是要不断地学习、摸索。

家长总是担心宝宝会出现专注力差、不合群、和其他小朋友打架等一系列的问题。其实这些问题通常都是正常的。

宝宝不合群有可能是家长的一种误解。宝宝在某个阶段特别喜欢自己玩，即使身处一堆小朋友中间，也喜欢自己在角落里默默观察。

其实"不合群"只是他成长的一个阶段而已，会随着年龄的增长、交友需求的提升而变化，并不是真正的不合群。

每个孩子都有不同的性格，家长也不要因为自己的喜好去强求孩子向某个既定的方向发展。

如果发现宝宝在玩耍的时候出现了"不愿意分享""玩起来不想回家"这类问题，家长要在理解宝宝的基础上作适当的引导。

如果强制宝宝做一些事情，试想换作大人，可能也难以接受。

专注力太差怎么办

1. 多尝试，找到宝宝感兴趣的点。宝宝玩起来专注力差，很可能是对此不感兴趣。保持对一件事情的专注力，最好的办法是让他产生做这件事的兴趣。兴趣越大，就越容易集中注意力。因此，家长要有伯乐精神，观察宝宝的兴趣点在哪里，顺势引导。

2. 不要限制方式，让宝宝多探索。宝宝充满好奇心和探索欲，什么东西都想摸，甚至放进嘴里舔或者咬。只要在安全的前提下，家长就不要过多地限制，这样他会更感兴趣，玩得也会更加专心。

多鼓励、多陪伴。拥有自信心，对于产生兴趣很重要。自信心还能推动宝宝继续探索。所以家长平时要多鼓励宝宝，尤其是在宝宝玩游戏遇到困难的时候，让他有更多的热情与好奇心去专注地玩游戏、做事情。

避免无意识的干扰。如果没有要紧的事，家长切勿时常因为要给宝宝吃东西，或者纠正宝宝的玩法等而打断宝宝，这样做不利于宝宝专注力的培养。

玩游戏不顺利，爱发脾气怎么办

① 不要粗暴地阻止宝宝的行为。家长要接纳他的情绪，让他先安静下来，然后再告诉他正确的做法。比如，该如何表达生气，如何表达委屈，等等。

② 明确宝宝发脾气的原因。如果宝宝是因为游戏太难，自己不能完成才发脾气的，家长可以带着宝宝一起玩，示范正确的方式，或者和他一起去面对困难，寻找解决办法。

做好宝宝的心理辅导。在对待竞争时，得失心不要太重。告诉宝宝不要凡事都想着争第一。有上进心是好事，但不要过分强调得失，不然宝宝就会很容易出现"输不起"的心态。

用乐观的心态去影响宝宝。3岁以前是行为教育阶段，如果家长自己在面对失败或者不顺时表现得太悲观，那么宝宝也很容易受到影响，变得悲观或者易怒。

不愿意尝试怎么办

① 这么多小朋友在玩蹦床啊!

② 宝宝,你也去试试吧!

不要!

③ 别勉强孩子,我家孩子之前也这样!

④ 我的经验是,要多鼓励孩子!

⑤ 并且要给孩子选择的空间。

⑥ 玩耍时,宝宝不愿意尝试,只鼓励就够了吗?

🔹 宝宝不愿意尝试与不了解这个事物有很大关系，所以家长可以提前给宝宝讲一讲新事物，如这是什么，有什么用，该怎么玩，玩了以后会有什么样的感受，等等，让宝宝对这个新事物有一个全面的认识，消除胆怯，主动去尝试。

🔹 宝宝不愿意尝试也和过往不愉快的经历有关，比如受过伤等。家长可以尝试着让宝宝把感受说出来，找出问题的症结，再来"对症下药"。

多给宝宝提供一些接触新事物的机会，带他去看看别的小朋友都在玩什么，这样快乐的氛围也会感染宝宝，让他更愿意去尝试。

在宝宝尝试了新的游戏之后，一定要及时给予鼓励，这也能帮助他建立自信，变得更愿意尝试新事物。

跟小朋友玩游戏时，太过霸道或软弱怎么办

搞清楚孩子的想法，不要先入为主

♣ 家长不要按照自己的主观意愿强行要求宝宝怎样做，有时候家长觉得宝宝霸道或者软弱，可能只是主观的看法而已。其实，宝宝之间并没有因此而闹得不愉快，或者有时候只是宝宝不知道该怎样表达。

比如，有的小朋友喜欢"动手"，但他的主观意愿可能是想"摸一摸"，只不过精细运动还没发育好或者不知道该怎么表达，才"动了手"。这个时候，家长一定不能粗暴制止，而是要先搞清楚宝宝的想法，然后再教给他正确的表达方式，示范正确的"摸一摸"，假以时日，宝宝慢慢就能学会怎样表达。

再比如，宝宝被另一个小朋友"打"了一下，但他自己并没有表现出不高兴或者很在意这件事，这时候家长就不要太在意了，让宝宝自己处理就好了。

发生冲突时，可以引导宝宝这样做：

① **以合理的方式保护自己的物权**

对于不愿与人分享的东西，宝宝要勇敢地向索要者说"不"。

不！

② **及时求助**

遇到自己不能解决的问题，对方表现出强势态度，宝宝要学会及时求助。

妈妈！

③ **表达自己的感受**

当有委屈、难过等情绪时，宝宝要学会用语言、语气等形式释放和表达。

不要抢我的玩具，我生气了！

尊重宝宝的真实意愿

分享确实是一种值得提倡的行为，让宝宝感受分享带来的乐趣和快乐，毋庸置疑是正确的。但分享应该基于宝宝的内心，而不是强制。迫于家长压力之下的分享，对于宝宝来说，毫无快乐可言。因此，当面临需要分享的情况时，家长不妨耐心地听听宝宝真实的想法，再决定接下来怎么做。

引导宝宝了解物权概念

明确物权概念，就是要让宝宝懂得，有些东西属于自己，要爱惜，必要时学会维权；有些东西属于别人，也要尊重别人对自己东西的所有权和任何决定。

让宝宝懂得规则概念

让宝宝明白，借和共享的概念。如果想要使用别人的东西，要学会主动征求对方的意见，得到允许后，爱惜使用，使用后及时归还主人，并表达谢意。如果想要使用公共的东西，要遵守使用规则，比如先到先用、定时使用等。

让宝宝体会分享的乐趣

分享能够给人带来快乐，不管是自己还是别人。家长可以通过读绘本、讲故事，或者宝宝不排斥的事情，逐渐引导，让宝宝体会分享带来的快乐。

跟玩伴吵起来怎么办

★ 通常，家长不需要介入。如果需要介入，家长一般只需要表示理解宝宝的感受，适当进行情绪的安抚，引导宝宝自己去处理小矛盾。但如果争吵激烈的话，家长就要及时将双方分开，让他们先各自冷静，然后再告诉宝宝正确的处理方法。

⭐ 家长不要粗暴制止。在确保宝宝安全的前提下，家长不要过多干涉。宝宝之间吵架很正常，不一定都是冲突，有时候只是为了好玩，这是交往中必然的磨合过程，家长不要过分干预。

② 当宝宝情绪受影响比较大，或者不再是简单的吵架了，而是上升到了肢体攻击行为的时候，家长可以先加以制止，避免出现严重后果。还要注意接纳和安抚宝宝的情绪，并引导宝宝说出争吵的原因，然后根据具体情况给出宝宝应对的建议。

如果是自己宝宝的问题，也不要急于让宝宝立刻道歉，因为在他情绪激动的时候是很难接受道歉这件事的，可以先让他冷静下来，然后再道歉也不迟。

如果宝宝的激烈行为被大人制止后，情绪有可能特别激动，这个时候家长可以暂时将他带离。不要对宝宝大叫或者说教，等他情绪平静一些后，再尝试心平气和地和他谈一谈，并告诉他，这种情况下怎样做才是比较好的处理方式。

就喜欢在外面玩，不回家怎么办

☆ 提前告知宝宝回家的时间并做好约定

家长带宝宝出去玩之前，要先预估一个回家的时间，然后提前把时间告诉宝宝，并在快回家之前再次提醒宝宝。起初，宝宝可能并没有明确的时间观念，也不一定会如家长所愿乖乖回家，但坚持下来的话，宝宝的时间观念肯定会不断增强，到时候再按照计划办事就容易得多。

☆ 根据时间选择合适的游戏

一个玩起来比较复杂、耗时比较长的游戏，和一个操作简单的游戏相比，哪个更容易叫停？肯定是后者。所以，当出游时间比较短，或者没有多久就要回家的时候，家长可以选择比较容易叫停的游戏，这样即使孩子玩得很入迷，也容易在预定的时间内结束游戏。

☆ 不要粗暴打断、强行结束游戏

家长粗暴打断、强行结束游戏，只会让宝宝心理上更加抗拒，故意和家长"对着干"。任何习惯的培养都需要循序渐进。就"按时回家"而言，家长需要通过给宝宝预期、帮助他控制时间、再给予新的期待，形成这样一种良性的循环，慢慢教会他管理自己的时间。

⭐1 不要将宝宝置身于"玩具海洋"中

如果身边的玩具太多，宝宝就会觉得没有新鲜感，对每一件玩具都缺乏兴致，自然一会玩这个，一会玩那个。家长不要把玩具一股脑地全都拿出来，最好想玩哪个给哪个。

⭐2 告诉宝宝，"不玩的玩具就要收起来"

引导宝宝将暂时不玩的玩具收起来。可以跟宝宝做个约定：暂时不玩的玩具，要放到玩具箱里，不能都放在身边。如果看到家长收起玩具，宝宝又要玩，家长可以告诉他"收起玩具是我们玩游戏的规则"。

⭐ **把玩具"藏起来"，隔一段时间再拿出来**

家长不妨把一些玩具藏起来，过几天再拿给宝宝，让宝宝对玩具保持新鲜感。

⭐ **引导宝宝开发玩具的不同玩法**

年龄大的宝宝可能会对之前的玩具失去兴趣，所以玩一会就不玩了。这时候家长可以引导宝宝开发不一样的玩法，这也会让宝宝对玩具的热情更久一点。

宝宝自己安静地玩一会儿，就是不合群吗

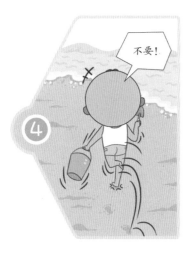

很多时候，家长会将宝宝独自玩耍的行为误解成不合群。但事实上，宝宝的社交行为是有一个变化过程的：两三岁前，大多数宝宝都喜欢自己玩或者在一边看着别人玩，也不太喜欢分享；但随着年龄的增长，宝宝会逐渐喜欢和别人合作，也更愿意分享。这是一个变化的过程，因此，宝宝独自玩耍并不是家长所认为的不合群。

宝宝的性格特点差异大，有的宝宝喜欢安静，有的宝宝天生爱动，还有的宝宝在不同的环境下表现出来的性格特点也不一样。家长可以适当引导，但没必要过于强求。当然，如果宝宝特别害羞胆怯，家长也可以尝试通过以下几种方式去引导：

① 多带宝宝去公众场合参加活动

多去像游泳馆、游乐场等公众场合，让宝宝多接触小朋友，让宝宝从观察到逐渐尝试着交流、玩耍，最后慢慢融入到集体里面。注意在这个过程中不要强求，别给宝宝太大的心理压力。

② 多陪伴，给宝宝足够的安全感

有时候宝宝不太合群，喜欢和家长待在一起，这也和家长的陪伴较少、宝宝缺乏足够的安全感有关，因此家长要尽可能多地陪伴宝宝。

宝宝在幼儿园不合群，怎么办

如果宝宝在幼儿园不合群，家长应以引导为主，不要强迫宝宝去参与社交活动。

① 平时多带宝宝出去接触小朋友

很多小宝宝在上幼儿园之前，除了家里的几口人，几乎没有接触过外人，所以刚到幼儿园这个陌生的环境难免不适应。这个时候，家长可以多带宝宝出去玩，遇到年龄相仿的小朋友，引导宝宝和他们互相认识，帮助宝宝慢慢熟悉和陌生人接触的过程。

② 鼓励宝宝和其他小朋友一起玩游戏或玩具

宝宝如果认生，家长也不要逼迫或训斥宝宝。可以先分散他的注意力，陪着宝宝在旁边观察别的小朋友玩耍。在这期间，家长可以给宝宝解释一下，别的小朋友玩的是什么游戏、动作是什么意思，激发宝宝的好奇心。等宝宝不排斥的时候，就可以陪宝宝一起加入游戏或者交换玩具了。

可以跟幼儿园中同龄宝宝的家庭建立联系

这种家庭范围的接触，可以为宝宝打造一个小小社交圈，让别的小朋友来家中做客，也可以带着宝宝去别人家玩，帮助宝宝适应各种社交场合。

跟幼儿园老师做好沟通

请老师安排一些团体的活动邀请宝宝参与并及时鼓励。

选择玩伴时，年龄大点好，还是小点好

✳ 跟每个年龄段的玩伴玩都有各自的好处，因此，在挑选玩伴方面，家长应该尊重宝宝的意愿，不要强求。

❀ 关于挑选玩伴的问题，家长无需过分纠结，也不用特别干预，让宝宝根据自己的喜好选择玩伴就好。每个宝宝都有自己的喜好，不过通常来说，小宝宝都会喜欢和年龄比自己大的宝宝玩，他们喜欢跟在大宝宝身后跑来跑去，模仿大宝宝的样子，还表现出一副很崇拜的样子，希望自己能够像他们一样厉害。

❀ 玩伴无论是年龄大的、年龄小的还是同龄人，宝宝都会在和他们的交往中获得成长。

❋ 在和年龄比自己大的伙伴玩耍时，宝宝可以学到很多，比如，学到不同的游戏技巧、表达方式等。和年龄比自己小的玩伴一起玩，宝宝也会逐渐学着去照顾比自己弱小的人，变得更富有同情心等。

❋ 总之，家长要放宽心，不要因为各种无端的担心就限制宝宝的交友范围，从而阻碍宝宝社交能力的发展。

Part5 游戏安全

游戏安全

我家宝宝属于天生好动型，刚会爬，就到处乱跑。一不留神就爬到墙角、桌子底下藏起来了。

刚开始也担心，害怕他碰这碰那发生危险，但慢慢就想通了，孩子没有不摔跟头就长大的。

我们能做的，就是尽可能地回避安全隐患。比如，提供一个较为安全的环境，把家里有棱角的地方包起来。

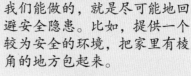

并且，过度干预也不利于宝宝的成长。

剩下的一切就交给宝宝去探索，家长陪着他一起玩，一起经历一些小风险，看着宝宝慢慢长大。

选择适合宝宝年龄的玩具，教给宝宝一些必要的安全知识。

重视游戏安全固然重要，但一定不能因此完全限制宝宝的活动。

过多的限制会剥夺宝宝和同龄人交往的机会，不利于社交能力的培养。

过多的限制会影响到宝宝大运动和精细运动的发育，很可能导致宝宝出现发育落后的问题。

过多的限制会减少宝宝接触新鲜事物的机会，对宝宝好奇心、探索欲的培养都没有好处。

可以结合现实生活中的具体场景，告诉宝宝哪些情况是安全的，哪些情况需要注意防范，以及怎样防范。这样宝宝会更容易树立安全意识。

宝宝参与游戏的过程也是一个帮助宝宝建立安全意识的好机会。有时候和宝宝讲道理是没有用的，因为他们年龄还小，还不能理解过于抽象的问题；但是在游戏中宝宝更容易接受家长的教育。

排查游戏区的安全隐患

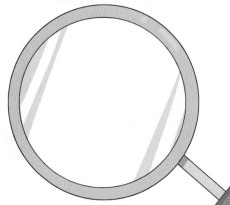

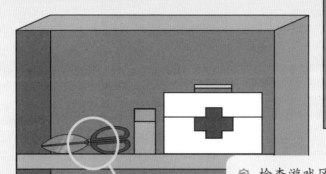
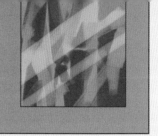

1️⃣ 建议家长将宝宝的游戏区选在家里相对空旷的位置，游戏区的四周最好不要有衣柜、书柜等较大的家具。如果有的话最好将其固定在墙上，以保证安全。

2️⃣ 检查游戏区内是否有危险物品，如药品、剪刀、玻璃制品等。要将这些物品收好，放到宝宝触碰不到的地方。

3️⃣ 游戏区范围内最好不要有茶几、小桌子等会阻挡宝宝活动的障碍物，以免碰伤宝宝。

4️⃣ 在排查安全隐患时，家长可以蹲下来，站在宝宝的视角去观察游戏区，将可能碰到宝宝的桌角、柜角等尖锐部位用防撞条包裹好，避免碰伤宝宝。

115

为防止宝宝着凉、磕伤等，可在游戏区内放置厚度适中、材质安全、没有异味的游戏垫。

游戏区内最好不要有电源、插排等危险物品。如果有，最好用防触电保护器保护起来。

防电

为防止宝宝因乱跑发生危险，可以为宝宝安装安全护栏。

虽然应该为宝宝提供必要的安全防护，但是也不要过于紧张，一味阻拦宝宝的探索。过于小心翼翼，反而会让宝宝内心充满不安。

切忌让宝宝边吃边玩

① 建立吃饭的仪式感。选择在固定的场所和时间吃饭。比如全家固定在餐厅吃饭，时间一到就让宝宝坐在他的小餐椅上用餐，而不是根据宝宝的喜好随意变换就餐地点和时间。

② 不做吃饭以外的事情，比如听故事、玩玩具等，在吃饭的时间、地点只能做吃饭这件事情。一旦加入其他事情，则不利于养成良好的进食习惯。

③ 控制吃饭的时长。每顿饭可以控制在 30 分钟左右，而且在下顿饭之前不要给宝宝吃其他零食，这也能在一定程度上帮助宝宝改掉边吃边玩的坏习惯。

④ 不要追着宝宝喂饭。鼓励宝宝自己吃饭，能够增加宝宝对吃饭的兴趣，让他更专注。宝宝的两只小手都忙活起来，也就没机会玩玩具了。

提醒家长：如果宝宝正在边吃边玩，也不要粗暴打断，以免惊吓到宝宝，造成呛噎、窒息等危险。

1 要注意安全的问题。适合大宝宝的玩具，有时并不适合小宝宝。比如包含细小零件的、带有尖锐棱角的玩具等。如果选择这样的玩具，很可能会给小宝宝带来意外伤害。

2 注意男女宝宝喜好的差别。除了年龄，男女宝宝对玩具的喜好也有所不同。如果仅仅根据给大宝选玩具的经验来给二宝挑选玩具的话，二宝很可能会不喜欢。

3 关于玩具数量的问题。有些家长可能会认为所有的玩具都应该准备两份，大宝、二宝各一份，避免争抢。其实这种做法不是必要的。有些不太方便两人共用的玩具，比如滑板车等，可以准备两个，方便两个宝宝同时玩。但毛绒玩具之类的完全可以两个人共同玩一个，鼓励宝宝相互分享。但千万不要用"你是哥哥，应该让着弟弟妹妹"来干预玩具的所属。

如果条件允许的话，家长可以带着两个宝宝一起去选择玩具，尊重宝宝的个人喜好，这样能在一定程度上避免两个宝宝相互争抢玩具。

有些玩具，家长可以选择年龄范围适应比较广的款式。比如，选择自行车的时候，可以选带辅助轮的，这样小宝宝和大宝宝都能用。

可拆卸

带娃外出游玩时，应如何注意安全

❀ 如果选择自驾，一定要给宝宝使用安全座椅。绝对不能让宝宝单独坐在副驾驶的位置或后排座上，也不推荐家长采用抱着宝宝的方式。

交通工具方面

❀ 坐飞机出行时，在飞机起降的过程中宝宝可能会感到耳朵不太舒服，这个时候家长可以和宝宝说说话，让宝宝把嘴巴张开，有助于缓解不适。但不要在起降时给宝宝喂食喂水，以免发生呛噎。

❀ 坐火车出行时，宝宝的活动空间有限，家长要做好看护，避免宝宝磕伤、碰伤。

其他安全问题

✿ 为了应对突发疾病，建议家长随身携带一个小药箱，带好补液盐、退烧药、磕碰伤用药等常用药品，以备不时之需。

✿ 出门游玩时要做好防晒，避免宝宝中暑。对于小宝宝，建议选择遮阳帽、遮阳伞，穿长衣长裤；对于大一点的宝宝，可以选择涂抹防晒霜。如果去山区等地，还要做好防蚊、防虫工作，避免宝宝被蚊虫叮咬。

✿ 家长外出时，一定要留一个成人专门看护宝宝，时刻让宝宝在自己的视线范围之内，不能让宝宝单独行动，以免发生危险。

随着运动能力以及活动能力的增强，不同年龄阶段的宝宝，面临的存在安全隐患的环境也不同，因此家长需要根据宝宝的情况及时排查安全隐患，确保宝宝的安全。

对于年龄较小的宝宝：

① 在玩耍时，家长要注意不要让宝宝接触那些包含小零件的玩具。比如带有小零件的小汽车、带纽扣的洋娃娃、小铃铛等，以免宝宝误吞小零件，造成呛噎、窒息等危险。

② 检查玩具和游戏区内是否有长线、长绳等物品，以免宝宝在玩耍时缠绕在手指、身体等部位，造成意外伤害。

③ 游戏区内不要有塑料膜、塑料袋等物品，以免被宝宝误食，发生危险。另外，对于宝宝经常啃咬的玩具，一定要保证材质安全、无毒无害，以免宝宝中毒。

④ 对于会发声的玩具，要检查声音的音质和音量，避免过大的声音给宝宝的听力造成损伤。

对于大一点的、能自己玩耍的宝宝：

要注意避免意外伤害

游戏区内最好不要有棱角尖锐的物品。家长要把锋利的剪刀等物品保管好，以免发生意外伤害。

电子产品要适度使用

电子产品不要使用过长时间，屏幕亮度不要太刺眼。另外，家长对于宝宝所看的内容也要适度监管，避免宝宝接触到血腥、暴力等内容，否则会对宝宝的心理发育造成不良影响。

确保游戏安全，并不是不让宝宝尝试

❋ 重视游戏安全固然重要，但家长不能因此对宝宝的活动过度限制；否则，很可能会对宝宝的身体和心理发育产生不良影响。过度限制宝宝活动，会影响到大运动和精细运动的发育，造成发育落后的问题。还可能会影响到宝宝和同龄小朋友的日常交往，不利于社交能力的培养。过多限制还会减少宝宝接触新鲜事物的机会，对好奇心、探索欲等的培养也十分不利，这会让宝宝在日后遇到困难的时候更容易产生畏难情绪。

✱ 有的游戏可能存在危险，但也是帮助宝宝建立危险意识的好机会。有时语言难以描述的情景，比如"高空容易发生危险"，在滑梯、爬高之类的游戏中就很容易让宝宝体会到。这时如果家长能趁机做好安全教育，根据具体环境和场景，给宝宝阐述什么是安全的，什么存在安全隐患，如何规避，让他了解在做一些事情的时候，如何进行安全防护，那样宝宝会对安全概念理解更深刻。

✱ 当宝宝不小心进入危险情境并从中脱离之后，家长的应对方式也很重要，应采用积极的方式去应对，而不是用消极、批评的方式；而且在日后遇到类似的场景时，也不要用消极的语气去责备宝宝。比如，最好不要说"你不记得之前的事了吗？怎么就不长记性呢"之类的话，这会让宝宝变得愈发胆小。正面提示宝宝可能会发生的危险，给他正确的信息并引导他规避危险的方法会更好。

Part6 早教班

早教班

宝宝1岁半的时候上过一阵子早教班，就是为了让宝宝有更多的机会接触不同的小朋友和环境。

在选择早教班时，花费了不少心思，也带宝宝参加了很多机构的试课，确认宝宝感兴趣后才报了名。

正式上课后，虽然刚开始还是有些小波折，但因为宝宝性格外向，很快就适应了。

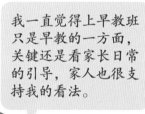

我一直觉得上早教班只是早教的一方面，关键还是看家长日常的引导，家人也很支持我的看法。

家人非常注意在细节上引导宝宝，不论是玩游戏、户外活动还是阅读，都尽量做到全心投入，和宝宝一起完成。

虽然早教活动确实对宝宝的能力发展有一定的促进作用，但并不意味着上早教班是一件非做不可的事情。

家长可以综合考虑宝宝是否接受，以及家庭经济能否承受等，再决定是否上及何时让宝宝上早教班。

家长可以在家庭环境以及日常的生活环境中，为宝宝创造多样的成长空间。

早教并不是刻板地念书、教知识。

早教多是在玩乐中引导宝宝进步，让宝宝在游戏、互动中逐渐收获知识，完善各项能力。

♣ 对于宝宝到底多大上早教班合适，其实并没有一个非常严格的时间界定。

♣ 每个宝宝的接受程度不同，性格也不同，并不能一概而论，主要应该根据宝宝的个人特点来决定具体时间，比如性格外向的宝宝可能早一点。但如果宝宝正处于严重的分离焦虑或陌生人焦虑期，这时强行让他去早教班就不合适了，应该适当引导，待其情绪缓解后再考虑。

♣ 在报名之前，还可以让宝宝多体验几次，或者多体验不同的早教机构的课程，评估一下宝宝的接受度，这样有利于家长评判参考。

宝宝不愿意进教室怎么办

❀ 家长可以和宝宝一起进教室上课。很多宝宝都是因为出于对陌生人或环境的恐惧，再加上和家长的分离而不肯进教室。

❀ 选择适合宝宝的课程。每个宝宝都有自己的喜好和心理特点，如果课程本身就不合宝宝的口味，他自然不肯好好配合。

让宝宝和早教课的老师多接触、交流，减少陌生感和恐惧感。家长也要和老师多沟通宝宝的喜好和心理特点，方便老师根据宝宝的实际情况采用合适的早教方式。

家长自己不要表现出紧张的状态，也不要太过刻意地在进教室前拼命安抚宝宝。这种不安会传递给宝宝，影响宝宝的情绪。

如果宝宝坚持不肯进教室，家长也不要强硬逼迫，否则只会更让宝宝产生逆反情绪。家长可以顺应宝宝，先暂停一段时间，淡化印象，过一阵子再说。

在报名前，家长最好让宝宝多试听几次早教课程，或多尝试不同的早教机构课程，观察宝宝的反应，不要草率决定。宝宝的性格特点不同，喜好也不一样，多尝试有利于发现宝宝的真实反应。

如果采用了各种办法，宝宝还是不肯上早教班，那么最好尊重宝宝的意愿。毕竟不上早教班也并不是一种错误，家长仍然可以在家里开展早教。

早教班非上不可吗

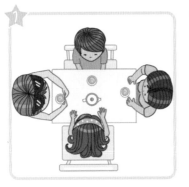

我家宝宝上了早教，后来入园一点都不费劲。

宝宝快2岁了，上早教班是不是晚了？

我是全职妈妈，整天在家陪娃。

妈妈的陪伴才是最好的早教。

这早教班非上不可吗？

🍀 早教班不是非上不可，家长需要结合自家的实际情况及宝宝的接受度来决定。

★1 如果经济条件允许，本着丰富孩子体验、增进亲子关系的态度，家长完全可以每周带宝宝去一次或几次早教班。

★2 家长如果平时工作很忙，几乎没时间专心陪孩子，那么在尊重宝宝意愿的基础上，上早教班不失为一种增进亲子关系的方式。家长可以利用这项活动，高效地陪伴宝宝成长。

要是家长抱着"跟风"的心态，"别人上我也上"，并试图让早教班完全代替家庭教育，再或者存有其他更高的期待，那么上早教班就没有太大必要了。

如果家长陪伴孩子的时间比较多，愿意学习科学的早教方法，而且也喜欢和孩子一起读书、做游戏或出去玩，那孩子也没必要非去早教班不可。

上早教班到底有什么用?

早教班除了能丰富宝宝的体验之外，还能够给家长提供一个和宝宝全心互动和交流的机会。在这个过程中，家长可以更好地了解宝宝的性格特点、兴趣所在等，以便及时调整教育方式，更好地引导宝宝。

早教，从家庭教育开始

宝宝就爱玩早教中心的海洋球。

我都是在家陪宝宝做早教。

在家又没有早教设备，怎么做？

早教方式有很多啊，可以陪宝宝一起做手工。

还可以带宝宝去海洋馆。

科技馆也不错。

还有动物园，也能培养宝宝的认知能力。

1 运动能力方面。对于健康的足月宝宝来说，从出生开始就可以培养他的运动能力了。家长平时可以让宝宝多趴着，为以后的大运动和精细运动发育打好基础。

2 语言能力方面。亲子阅读是一种很好的方式，家长可以先从绘本开始，逐渐过渡到文字书，和宝宝共同阅读，慢慢培养宝宝对书的兴趣，锻炼他的语言表达能力。

3 学习能力方面。生活中处处可以接触到色彩、声音、数字、文字等，家长可以把教育融入到家务劳动或者亲子游戏等家庭活动中。这样既能提升宝宝的学习能力，也能锻炼他的生活技能，培养他的责任感，发展独立的人格。

4 认知能力方面。大自然是最好的课堂，可以激发宝宝的好奇心和探索欲。家长可以多带宝宝亲近大自然，在愉悦的体验中，学到在其他场所难以涉及的知识。

5 行为习惯方面。榜样的力量是无穷的，家长想让宝宝学习某项技能的时候，可以用自己的行动示范给宝宝看。比如，想让宝宝刷牙，就亲身示范给他看。以身作则，才会有更好的效果。

6 社会交往能力。家长多给宝宝创造和小朋友们相处的环境，和同龄宝宝一起玩耍，可以锻炼他的社交能力和语言表达能力。

早教都学些什么

上早教，宝宝都能学些什么呢？

每个孩子都不一样。

我家宝宝当时就在这里上的早教。

孩子有什么变化吗？

以前胆子小，比较内向，现在好多了。

咱们也去试一试！

宝宝学会分享了，真棒！

147

1 如果家长认为早教的目的就是教会孩子读书、识字、学习知识的话，那就要改变看法了，这是对早教的一种误解。

2 真正的早教，是通过诸如运动、音乐、视听感受等多种方式，帮助宝宝学会社交、开发兴趣、获得快乐的体验等，从而促进宝宝认知能力、运动能力、自主学习能力等各方面能力的发展。

③ 早教是一个细水长流的过程，不能一蹴而就，更不能揠苗助长。家长不要对早教抱有太多功利心，否则很容易给宝宝过多的压力，反而适得其反。

④ 最后，家长不要对宝宝的行为和喜好做过多干涉，而是要从宝宝的天性出发，做发现"千里马"的伯乐，去发掘和培养宝宝的潜在能力，尊重宝宝的感受。切忌把自己的想法强加于宝宝。

图书在版编目（CIP）数据

崔玉涛图解宝宝成长 . 5 / 崔玉涛著 . —北京：东方出版社，2019.10
ISBN 978-7-5207-1115-9

Ⅰ.①崔…　Ⅱ.①崔…　Ⅲ.①婴幼儿—哺育—图解　Ⅳ.① TS976.31-64

中国版本图书馆 CIP 数据核字（2019）第 161251 号

崔玉涛图解宝宝成长 5
（CUI YUTAO TUJIE BAOBAO CHENGZHANG 5）

作　　者：	崔玉涛
策 划 人：	刘雯娜
责任编辑：	郝　苗　王娟娟　戴燕白　杜晓花
封面设计：	孙　超
绘　　画：	孙　超　陈佳玉　于　霞　赵银玲　响　月　冯皙然　张紫薇
	戴也勤　王美迪　邢耀元
出　　版：	东方出版社
发　　行：	人民东方出版传媒有限公司
地　　址：	北京市朝阳区西坝河北里 51 号
邮　　编：	100028
印　　刷：	小森印刷（北京）有限公司
版　　次：	2019 年 10 月第 1 版
印　　次：	2019 年 10 月第 1 次印刷
开　　本：	787 毫米 ×1092 毫米　1/20
印　　张：	8
字　　数：	100 千字
书　　号：	ISBN 978-7-5207-1115-9
定　　价：	39.00 元
发行电话：	（010）85924663　13681068662

Periodic Table of the Elements

元素周期表
最新版 118个

金属元素　　非金属元素　　人工元素

2 氦 He	

5 硼 B	6 碳 C	7 氮 N	8 氧 O	9 氟 F	10 氖 Ne

13 铝 Al	14 硅 Si	15 磷 P	16 硫 S	17 氯 Cl	18 氩 Ar

21 钪 Sc	22 钛 Ti	23 钒 V	24 铬 Cr	25 锰 Mn	26 铁 Fe	27 钴 Co	28 镍 Ni	29 铜 Cu	30 锌 Zn	31 镓 Ga	32 锗 Ge	33 砷 As	34 硒 Se	35 溴 Br	36 氪 Kr

39 钇 Y	40 锆 Zr	41 铌 Nb	42 钼 Mo	43 锝 Tc	44 钌 Ru	45 铑 Rh	46 钯 Pd	47 银 Ag	48 镉 Cd	49 铟 In	50 锡 Sn	51 锑 Sb	52 碲 Te	53 碘 I	54 氙 Xe

57-71 镧系

72 铪 Hf	73 钽 Ta	74 钨 W	75 铼 Re	76 锇 Os	77 铱 Ir	78 铂 Pt	79 金 Au	80 汞 Hg	81 铊 Tl	82 铅 Pb	83 铋 Bi	84 钋 Po	85 砹 At	86 氡 Rn

89-103 锕系

104 鿬 Rf	105 𨧀 Db	106 𬭳 Sg	107 𨨏 Bh	108 𨭆 Hs	109 鿏 Mt	110 鿭 Ds	111 𬬭 Rg	112 鿔 Cn	113 鿭 Nh	114 鈇 Fl	115 镆 Mc	116 𫟼 Lv	117 鿬 Ts	118 鿫 Og

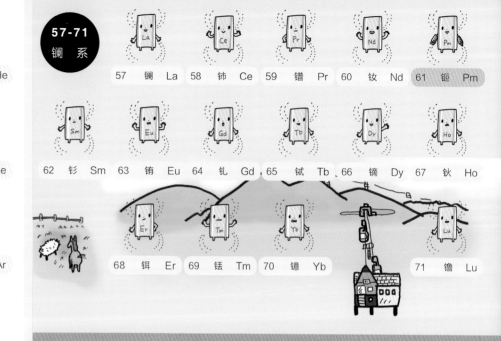

57-71 镧系

57 镧 La	58 铈 Ce	59 镨 Pr	60 钕 Nd	61 钷 Pm
62 钐 Sm	63 铕 Eu	64 钆 Gd	65 铽 Tb	66 镝 Dy	67 钬 Ho
68 铒 Er	69 铥 Tm	70 镱 Yb		71 镥 Lu

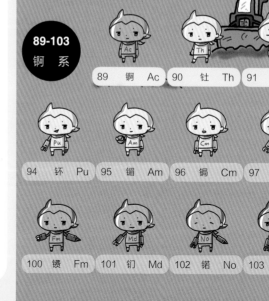

89-103 锕系

89 锕 Ac	90 钍 Th	91 镤 Pa	92 铀 U	93 镎 Np
94 钚 Pu	95 镅 Am	96 锔 Cm	97 锫 Bk	98 锎 Cf	99 锿 Es
100 镄 Fm	101 钔 Md	102 锘 No	103 铹 Lr